DÉPARTEMENT DE LA GIRONDE. — ENSEIGNEMENT AGRICOLE.

LETTRES

ADRESSÉES

A MESSIEURS LES PROPRIÉTAIRES RURAUX ET CULTIVATEURS

DU DÉPARTEMENT DE LA GIRONDE.

SIXIÈME LETTRE (1851).

—

Des Engrais.

DÉPARTEMENT DE LA GIRONDE. — ENSEIGNEMENT AGRICOLE.

133

LETTRES

ADRESSÉES A MESSIEURS LES PROPRIÉTAIRES RURAUX ET CULTIVATEURS DE LA GIRONDE, PAR LE PROFESSEUR DU COURS D'AGRICULTURE DE BORDEAUX, CHARGÉ DE L'INSPECTION AGRICOLE DU DÉPARTEMENT, ETC.

SIXIÈME LETTRE.

Des engrais; de leur nécessité, de leur production, de leur conservation, de leur application, etc....

« La terre, en fournissant aux végétaux les » principes nécessaires à leur accroissement, » s'épuiserait si on ne lui rendait ce qu'elle » aurait perdu ».

(FOURCROY).

MESSIEURS,

Nous venons vous entretenir d'un sujet dont l'importance n'est méconnue par aucun de vous; mais qu'il nous sera difficile peut-être de traiter d'une manière complète et satisfaisante dans le cours, nécessairement borné, de cette lettre. Néanmoins, nous avons la confiance qu'en nous restreignant à l'exposition des principes généraux relatifs à la matière et en introduisant, dans cette exposition, le plus de méthode et de simplicité possibles, nous pourrons arriver encore à faire quelque chose d'utile (1).

(1) Vous connaissez nos précédentes lettres, notamment celle qui traite du *Trèfle de Hollande* (1848); celle qui traite de l'*Assainissement des terres* (1849); celle qui traite des *Prairies naturelles* (1850).

A propos de ces écrits et de celui que nous vous offrons aujour-

I.

NÉCESSITÉ DE FUMER LA TERRE.

L'homme a, pour agir sur la terre, pour la faire produire, deux moyens également énergiques, également avantageux, quand ils sont habilement employés : il peut agir sur elle *mécaniquement*, par les outils, les instruments, les machines aratoires et même les amendements :

---

d'hui, quelques personnes nous ont fait une observation à laquelle nous devons répondre. On nous a dit que nous prenions l'agriculture sur un ton trop élevé, que nous ne la rendions pas assez vulgaire. Certes, nous apprécions les bonnes intentions des hommes qui ont cru pouvoir, comme on dit, populariser l'agriculture, en composant des traités où la naïveté des expressions le dispute à la simplicité du fond ; mais nous le disons aussi, pour nous, nous n'avons jamais cru devoir agir de la sorte.

Dans un temps où l'agricultnre est appelée à prêter à la société le concours moral le plus puissant et le plus efficace ; dans un temps où il est indispensable de faire sentir avant tout combien est utile, noble, honorable le grand art de cultiver la terre ; dans un temps enfin où l'instruction est répandue partout, où les évènements, les commotions sociales, la propagent plus encore que les maîtres et les écoles, il nous semble que c'est sérieusement qu'il faut parler d'agriculture, qu'il faut parler à des agriculteurs.

Il ne faut pas leur dire, ce qui serait les tromper du reste, que leur art n'est qu'une collection de recettes. Il ne faut pas leur parler de cet art de manière à leur faire croire qu'il ne saurait supporter le langage employé pour les autres ; qu'il est moins digne, moins solennel, qu'il leur est inférieur.

Il faut les traiter comme des hommes exerçant l'une des grandes professions sociales. Comme des hommes dont la raison s'est formée sous l'influence des phénomènes de la nature ; comme des hommes appelés aux bénéfices de l'instruction et aptes, par conséquent, à comprendre que de leurs travaux il peut résulter, non-seulement leur avantage particulier ; mais encore celui du corps social dont ils font partie, et sur le bien-être duquel, ces travaux, sont appelés à exercer l'influence la plus directe et la plus salutaire.

il peut agir sur elle *chimiquement*, par l'introduction, dans le mélange variable qui la constitue, de matières propres à nourrir les plantes, à leur fournir les substances au moyen desquelles ces dernières constituent leurs tiges, leurs feuilles, leurs graines, leurs fruits, etc....

Tout le monde sait que ce sont là les deux conditions indispensables de la production de la terre.

Cependant, on pourrait dire que ces vérités ne sont pas aussi absolues que le comportent l'ancienneté et l'universalité de leur énonciation ; car la terre livrée à elle-même, celle que l'on ne cultive pas, produit, ne cesse pas, de produire, sans qu'on la laboure, sans qu'on la fume.

Quelques courtes explications suffiront pour démontrer qu'en effet la nécessité dont il s'agit, ne se manifeste qu'à l'égard des terres cultivées et que, pour elles, cette nécessité est d'autant plus grande, que la culture elle-même est plus perfectionnée, plus productive.

A. TERRE NON-CULTIVÉE.	*B*. TERRE CULTIVÉE.
1.° Elle produit des plantes selon sa nature, ses goûts, ses penchants; elle les choisit elle-même en toute liberté.	1.° Elle produit des plantes qui peuvent contrarier sa nature, ses goûts, ses penchants; qu'elle n'a pas choisies et qui lui ont été imposées.
2.° Elle les varie, elle les assortit, elle les dispose comme elle veut; elle en règle la succession, selon ses convenances et celles des circonstances diverses qui concourent à leur production.	2.° Elle est astreinte à un très-petit nombre, souvent à quatre ou cinq, quelquefois moins encore, à une seule; elle doit les accepter d'après les règles et dans l'ordre exigés par le système de culture adopté.
3.° Elle les développe selon les lois particulières à chacune d'elles et selon la force du concours qu'elle peut leur assurer, de la quantité de nourriture qu'elle peut leur fournir.	3.° Elle doit toujours leur donner un développement qui dépasse, non-seulement les tendances naturelles de la plupart de ces plantes; mais aussi et presque toujours le degré de force de la terre,

	la quantité de nourriture que celle-ci peut leur fournir.
4.° Elle profite des dépouilles des plantes qu'elle a nourries; qui meurent, qui se décomposent sur son sein et qui lui abandonnent en définitive beaucoup plus de matériaux, beaucoup plus de principes fécondants, qu'elle ne leur en avait prêté.	4.° Presque toujours elle ne retient que très-peu de chose des plantes qu'elle a produites, souvent même rien du tout; de sorte qu'il ne manque jamais d'y avoir pour elle perte dans cette production.
5.° ELLE S'ENRICHIT EN PRODUISANT.	5.° ELLE S'APPAUVRIT EN PRODUISANT.

D'où la nécessité impérieuse, pour l'homme, d'intervenir dans le grand acte de la production de la terre; d'employer à cette intervention son intelligence, ses forces, ses sollicitudes, conformément à cette sentence du Créateur : *Tu mangeras le pain à la sueur de ton visage !*

D'où la nécessité impérieuse, pour le cultivateur, d'introduire dans sa terre des engrais, non-seulement pour prévenir son épuisement, mais encore pour augmenter sa fécondité. Car la véritable agriculture, celle que l'on appelle avec raison l'*agriculture du père de famille*, doit toujours avoir en vue ces deux résultats également avantageux pour le présent et pour l'avenir de la Société : *Tirer le plus possible de la terre : augmenter sans cesse son énergie productive !*

II.

DÉFINITION ET CLASSIFICATION DES ENGRAIS.

Par engrais on entend toute matière qui, mise dans la terre, se décompose et cède à la plante les principes qui la constituaient et dont celle-ci a besoin pour se nourrir, pour se développer.

Bien que les plantes aussi bien que les animaux, admettent comme aliment certaines productions minérales (1), en règle générale, ce qui nourrit avant tout les unes et les autres, ce sont les débris des êtres précédemment en possession de la vie.

Ainsi, on le voit, la condition essentielle de la vie c'est la mort : plus il y a de débris d'animaux et de végétaux accumulés sur une terre, plus celle-ci est riche : plus elle est apte à fournir à l'existence de nouveaux végétaux et par suite de nouveaux animaux.

D'après ces principes, on comprendra facilement toutes les principales divisions qu'il a été possible d'établir dans les engrais ; toutes les principales classifications auxquelles il a été possible de les soumettre.

Considérés par rapport à leur origine, on les a divisés en *engrais animaux*, en *engrais végétaux* et en *engrais mixtes*, ou participant de ces deux origines.

Considérés par rapport à leur mode de fabrication, on les a divisés en *engrais naturels*, ou fabriqués sans le secours d'opérations industrielles : comme le fumier des étables ; et en *engrais artificiels*, ou résultant de travaux, de manipulations plus ou moins compliquées : comme ces compositions nombreuses que l'industrie offre aujourd'hui à l'agriculture, avec un empressement que nous voudrions croire toujours aussi désintéressé que le disent les prospectus.

Dans cette première division se trouvent compris, parmi les engrais mixtes, ou engrais résultant du mélange des débris animaux et des débris végétaux, ce que l'on nomme les *fumiers;* c'est-à-dire le mélange des déjections

---

(1) Ce fait est démontré, dans les animaux, par la nécessité de se procurer la matière qui constitue leurs os : le phosphate de chaux ; dans les végétaux, par la nécessité de se procurer les matières minérales qu'ils renferment, selon des proportions uniformes pour chaque espèce, et qui produisent leurs cendres quand on les brûle.

quotidiennes des animaux que nous renfermons dans nos étables, écuries, parcs, etc., avec la litière que nous leur fournissons.

Comme le dit Matthieu de Dombasle : « Si l'on excepte quelques circonstances où un cultivateur, placé près d'une ville, peut s'y procurer des engrais de diverses espèces, on peut dire qu'en général on ne peut compter, dans une exploitation rurale, que sur le fumier produit par les animaux qu'on y entretient ».

Cette considération est cause que nous-même, dans les détails où nous allons entrer, nous aurons toujours principalement en vue les fumiers; c'est-à-dire les engrais les plus communs, les plus ordinaires, les plus faciles à se procurer, les plus convenables, les plus économiques.

III.

MODE D'ACTION DES ENGRAIS ET CONDITIONS DIVERSES DE CETTE ACTION.

Pour se faire l'idée de la manière dont agissent les engrais, que nous savons destinés à nourrir les plantes, il faut faire attention que ces plantes elles-mêmes n'acceptent cette nourriture, qu'elle ne peut pénétrer dans leur intérieur, que sous deux formes seulement. A l'état de *dissolution* dans un liquide, comme le sucre dissous dans l'eau (1). A l'état de *gaz*, comme l'air, le vent que nous

(1) Si nous mettons, dans de l'eau, de la terre, d'abord l'eau en est troublée; mais bientôt cette terre se précipite au fond du vase et l'eau reprend sa transparence habituelle. Si nous mettons, dans de l'eau, du sucre, du sel marin, etc... l'eau n'est pas troublée par ces corps qui disparaissent et ont l'air de s'être fondus dans sa masse. Dans le premier cas, l'eau et la terre n'ont formé qu'un simple *mélange*. Dans le second, l'eau et le sucre ou le sel ont formé une *dissolution*, ou une *solution*.

ne voyons pas, mais que nous sentons cependant et dont nous pouvons facilement constater l'existence, puisqu'il fait marcher les navires et tourner les moulins.

Il faut faire attention aussi que les plantes ne changent pas le fond, la nature particulière des substances qu'elles admettent à titre d'aliments et qu'ainsi, il est nécessaire qu'elles trouvent dans ces aliments, dans les engrais qui les leur fournissent, tous les principes que les analyses chimiques signalent dans leurs produits divers et qui sont le carbone, ou la matière du charbon, d'autres principes nommés l'hydrogène et l'oxigène, quelquefois l'azote, tous rangés dans les principes dits *organiques*, ou que le feu détruit; et aussi quelques sels terreux ou principes *inorganiques*, que le feu ne détruit pas et qui forment les cendres des végétaux.

C'est avec ce petit nombre de matériaux que les mains puissantes de la nature confectionnent tout ce que nous donne le règne végétal : le bois, les fourrages, le blé, le vin, la filasse, les fruits, etc..., etc....

Ainsi, pour qu'une matière puisse agir comme engrais, deux conditions essentielles et absolues :

1.° Qu'elle se décompose et qu'elle livre ainsi à la plante les principes qui la constituaient;

2.° Que ces principes soient ceux qui constituent la plante elle-même.

Ainsi encore, pour qu'une matière puisse mériter le titre de bon engrais, d'engrais avantageux, d'engrais riche, deux autres conditions qui ne sont que la conséquence, que l'extension des précédentes :

1.° Qu'elle se décompose, qu'elle livre à la plante les principes qui la constituaient; mais dans des conditions de temps telles, que la plante soit toujours assurée d'avoir par ce moyen, la nourriture qui lui est nécessaire; de l'avoir conformément à ses besoins, sans courir le risque ni de souffrir par une trop grande disette, ni de souffrir par une trop grande abondance.

2.° Que ces principes soient ceux qui constituent la plante elle-même ; ce qui ne saurait en général manquer quant à ceux de ces principes que nous avons qualifiés d'organiques ; mais ce qui peut varier beaucoup quant à ceux que nous avons qualifiés d'inorganiques. Certaines plantes, comme le froment exigeant particulièrement des phosphates ; certaines autres, comme la vigne, de la potasse, etc... etc....

Ces démonstrations admises, voici comment on peut définir l'action des engrais.

On peut dire que cette action est *chimique*, en ce sens que les engrais fournissent à la plante la nourriture dont elle a besoin, qu'elle doit trouver dans la terre ; qui doit la mettre à même, par la force qu'elle lui donne, de puiser dans l'air, par ses feuilles qui sont aussi des organes de nutrition, ce que celui-ci peut ajouter à ces premiers aliments (1). En ce sens que ces mêmes engrais

---

(1) C'est un principe admis et démontré par la physiologie végétale, que les plantes puisent leur nourriture dans la terre et dans l'air : dans la terre par leurs racines : dans l'air par leurs feuilles.

On peut comprendre cette loi de la nature par une remarque bien simple. Les plantes qui ont de petites feuilles, présentant peu de surface, comme le froment, demandent beaucoup de nourriture à leurs racines et par suite épuisent le sol. Celles qui ont de larges feuilles, grasses, charnues, comme les cactus, ne demandent presque rien à la terre, aussi les voit-on prendre un développement souvent extrêmement considérable, bien que leurs racines ne s'implantent que dans un pot de très-petite dimension.

Un autre fait bien remarquable aussi et bien favorable à l'agriculture, c'est que les plantes puisent dans l'air en raison de ce qu'elles ont trouvé dans la terre ; en raison de la vigueur que leur a commu-

sont la source des produits liquides ou gazeux que la plante peut percevoir par ses racines.

On peut dire que cette action est *physique,* en ce sens qu'ils divisent la terre, qu'ils l'aérent, si elle est trop dure, trop compacte. Au contraire, qu'ils lui donnent de la consistance, du corps, si elle est trop légère, trop poreuse. Qu'ils la dessèchent, l'assainissent si elle est trop humide; qu'ils lui assurent de l'humidité si elle en manque. En ce sens encore qu'ils la réchauffent : expression populaire que consacre l'expérience des praticiens (1) et que confirme la science, en faisant observer que c'est par la fermentation que les engrais se décomposent et que de toute fermentation se dégage de la chaleur.

IV.

SOURCES DES FUMIERS, CONDITIONS DE LEUR QUANTITÉ ET DE LEUR QUALITÉ.

Pas plus que nul autre homme au monde, le cultivateur ne peut faire quelque chose de rien : Dieu seul s'est réservé ce glorieux privilège.

Pour arriver à avoir des fumiers, pour confectionner ce mélange précieux, base indispensable de tous les travaux qu'il opère, portion essentielle de la richesse nationale, comme le disait récemment un de nos savants confrères, il lui faut des matières premières, il lui faut

---

niqué celle-ci : motif pour lequel une plante chétive, mal venue, *échaudée*, est plus fatigante pour la terre qu'une plante bien venue et bien vigoureuse.

(1) « Les cultivateurs ne doivent pas ignorer que la terre non fumée devient froide, que trop de fumier la brûle (Columelle). « Un champ qui n'est pas fumé se refroidit; s'il l'est trop il se brûle (Pline). « C'est le fumier qui rajeunit, qui réchauffe.... la terre (Olivier de Serres).

des moyens d'action. Les fourrages et les litières, voilà ses matières premières ; les animaux qui consomment ces fourrages, qui usent de ces litières, voilà ses moyens d'action : voilà les machines qu'il met en mouvement pour cette transformation importante.

Au point de vue de la production du fumier, et toute autre considération mise de côté, on comprendra sans peine que pour rendre cette production aussi abondante que possible, il faut aussi avoir le plus d'animaux, le plus de nourriture, le plus de litière possibles et aussi loger ces animaux le plus convenablement possible, etc...

Mais si de ces généralités nous passons aux détails qu'elles comprennent, voici encore ce qu'il conviendra de rappeler, touchant la production des fumiers.

A. *Animaux.* — Tous les animaux ne sont pas également aptes à fournir la même quantité, la même qualité de fumier. Ainsi, d'une manière générale et toutes choses égales d'ailleurs, il y aura toujours, sous ce dernier rapport particulièrement, une différence considérable entre le fumier des brebis, des chèvres, d'une part et celui des bœufs et des vaches, d'autre part. Cette différence prendra sa source dans l'organisation bien distincte de ces deux classes d'animaux : les premiers boivent peu, transpirent beaucoup et rendent leurs excréments en globules solides : les seconds au contraire, boivent beaucoup, transpirent peu et rendent leurs excréments sous forme de bouillie.

Telle classe d'animaux aussi, comme les ruminants, broit davantage les matières qui lui servent de nourriture et restitue, par conséquent, la portion qu'elle ne s'assimile pas, dans un état qui rend beaucoup plus facile sa décomposition. Telle autre, comme les chevaux, ne peut leur communiquer un tel avantage et l'on sait effectivement que, chez ces derniers, des graines entières servant à leur nourriture, traversent leur estomac, résistent à l'action de leurs sucs gastriques, sans être altérées, sans avoir perdu leur faculté germinative.

Quant aux différences chimiques imprimées aux fumiers par les différentes classes d'animaux, il est encore bien facile de comprendre qu'elles doivent varier selon l'espèce, l'âge, le sexe, le tempérament, l'état de maladie ou de santé. Car les sucs divers dont chaque animal pénètre la portion des aliments qu'il restitue, au moyen desquels il les imprègne de sa substance, il les *animalise*, varient aussi en quantités et en propriétés selon toutes ces considérations sur lesquelles, du reste, nous regrettons de ne pouvoir nous arrêter plus longtemps.

Mais comme le choix des espèces d'animaux n'est point fait ordinairement au point de vue du fumier que l'on peut en obtenir ; que ce choix, au contraire, est presque toujours dominé par des considérations, des usages, des nécessités avec lesquels on ne saurait transiger, il ne convient pas ici d'insister sur ce sujet. Avant tout, c'est l'espèce bovine que nous fixons dans nos exploitations, dans le triple but d'en obtenir du travail, du fumier et du profit.

B. *Nourriture.* — En supposant les animaux bien choisis, bien portants, la première condition à remplir, en vue du sujet qui nous occupe, c'est de les nourrir suffisamment.

L'animal qui est suffisamment nourri, se maintient dans la jouissance complète de toutes ses facultés physiques. Sa mastication, sa digestion, l'assimilation des sucs que doit effectuer son estomac, etc.... tout cela s'accomplit d'une manière régulière, d'une manière complète, au grand avantage du fumier, que le défaut de toutes ces conditions rend pauvre, maigre, sans force et sans vigueur.

Les cultivateurs de nos contrées ont trop souvent le

tort de négliger toutes ces circonstances. Les animaux qu'ils nourrissent mal l'hiver, qu'ils laissent souffrir, dépérir, ne leur donnent qu'un fumier considérablement réduit en quantité et en qualité. Ici encore, si l'on y faisait bien attention, si l'on avait recours à des calculs, on reconnaîtrait sans peine qu'il vaudrait mieux n'avoir qu'un seul animal et le bien nourrir, que deux que l'on nourrirait mal; de même que dans une infinité de cas, il vaudrait mieux ne cultiver qu'un hectare de terre que l'on fumerait bien, que deux que l'on fumerait mal.

En général, plus la nourriture administrée est substantielle et sèche, plus elle est empruntée à la portion de la plante riche en principes nutritifs, plus le fumier est de qualité supérieure, plus il a d'énergie (1).

Quant à la quantité de nourriture elle-même, bien que ce ne soit pas ici l'occasion de nous occuper directement de ce sujet, nous croyons cependant faire une œuvre

---

(1) Ainsi, non-seulement les graines nourrissent plus que les tiges et les feuilles, mais encore dans la paille par exemple, dans le chaume, il y a, selon la partie de ce chaume que l'on examine, des différences très-notables. Cette observation que la pratique a renouvelée plusieurs fois, a été mise hors de doute par les recherches de la chimie moderne.

Si l'on prend une paille, un chaume de froment, et si on divise sa longueur en 100 parties égales, le tiers supérieur, les 33 centièmes de ce chaume, donneront à l'analyse 13,3 d'azote pour 1000 de poids; tandis que les deux tiers inférieurs, les 67 centièmes, n'en donneront que 4,1 pour le même poids.

Ou autrement, à poids égal, la partie supérieure de la paille nourrira comme . . . . 100.

La partie inférieure seulement comme . . . . 30.

Voilà pourquoi les débris de la paille qui avoisine le plus l'épi, le *paillerot*, doivent être ramassés avec soin, lors du battage, pour la nourriture des animaux.

utile en reproduisant à cet égard quelques formules que l'on trouvera à la fin de cette lettre. (*Voir la note* A).

Pour résumer ce qui précède, nous dirons que les fumiers, d'abord par rapport à l'espèce des animaux qui les produisent, peuvent être divisés en deux grandes classes : *fumiers froids*, ceux des ruminants, des bœufs, des vaches : *fumiers chauds*, ceux des bêtes à laines, des chevaux, etc.... Nous dirons encore que, par rapport à l'espèce bovine et aux individus dont on les obtient, à leur état particulier, on peut classer ainsi ces fumiers, d'après leur valeur décroissante. Au premier rang, celui des bœufs à l'engrais (1) ; au second, celui des bœufs de travail, mais alimentés de manière à être maintenus en bon état ; au troisième, celui des vaches pleines ou nourrices ; au troisième, celui des bœufs réduits à vivre de paille et autres ressources analogues.

C. *Litière.* — La litière fournie aux animaux faisant partie intégrante des fumiers, il est évident que ceux-ci doivent se ressentir des propriétés bonnes ou mauvaises de cette litière.

Or, ces propriétés sont de deux sortes : *Physiques*,

---

(1) En stricte théorie, la même raison qui fait que le fumier des vaches pleines ou nourrices est relégué au troisième rang, devrait également être appliqué au fumier des bœufs à l'engrais. Effectivement, c'est parce que les vaches ont besoin, pour nourrir leur fœtus ou allaiter leur petit, d'un surcroît de principes assimilables qu'elles ne peuvent tirer que de leur alimentation, que leur fumier reste d'autant plus pauvre. De même, ce ne peut être que dans la ration quotidienne qui lui est donnée, que le bœuf à l'engrais peut prendre les matériaux de la chair, de la graisse et du suif qu'il ajoute progressivement à son individu. Mais ici l'abondance, souvent la profusion de cette ration, la puissance nutritive des substances dont on la compose, compensent et au-delà la perte dont il s'agit et font qu'en dernière analyse, le fumier ainsi obtenu est de très-bonne qualité.

en tant qu'elles portent sur leur plus ou moins d'aptitude à absorber les parties liquides des déjections des animaux et à les conserver, etc... *Chimiques*, en tant qu'elles portent sur leur composition intime, sur les matériaux divers qui concourent à cette composition.

Sous le premier rapport, les litières peuvent être rangées dans trois classes bien distinctes. Celles qui sont formées de tubes, de cylindres creux, dans lesquels ces parties liquides peuvent s'introduire et se conserver, comme la paille de froment, de seigle, les roseaux, etc..; celles qui présentent une moëlle plus ou moins abondante, plus ou moins spongieuse, comme la paille des légumineuses, comme la fougère, comme les joncs, les laiches (1) etc...; celles enfin qui sont plus ou moins dures, plus ou ligneuses, comme les bruyères, les ajoncs, etc... (*Voir la note* B).

Sous le second rapport, c'est en se fondant sur leur analyse, sur les quantités relatives des principes organiques et inorganiques contenus dans chaque espèce de litière, qu'il a été possible d'établir leur valeur, de déterminer un ordre entr'elles. (*Voir la note* C).

Quelles que soient du reste les litières que l'on emploie, une circonstance bien essentielle, c'est de n'en pas mettre trop, car alors le fumier ne peut que perdre de sa richesse; c'est aussi de n'en pas mettre trop peu, car alors beaucoup de parties liquides des déjections peu-

---

(1) Ce sont ces joncs et ces laiches que, dans nos contrées, on désigne sous le nom de *beauge*. Indépendamment de l'avantage que nous venons de leur reconnaître, ces sortes de litières ont en outre, celui d'engendrer peu d'herbes. On comprend, en effet, que venues dans des terres marécageuses et couvertes d'eau, elles n'ont pu retenir que les graines des herbes propres à ces sortes de terres : graines qui ne sauraient se développer dans les terres assainies où nous plaçons nos blés et nos autres cultures.

vent se perdre, beaucoup de parties solides peuvent ne pas être convenablement conservées.

On comprend, qu'ici, la règle à suivre doit être extrêmement variable, non-seulement eu égard aux espèces d'animaux, mais encore au régime alimentaire auquel ils sont soumis. Ainsi, par des raisons faciles à comprendre, un animal qui est au régime vert; a besoin d'une litière plus abondante que celui qui est au régime sec.

D. *Logement.* — « C'est une chose à peine croyable, dit Matthieu de Dombasle, que la différence qui résulte de la disposition des étables pour la quantité de fumier qu'on y obtient ».

Or, cette disposition, sous le rapport dont il s'agit, consiste principalement à arranger les choses de manière que les matières liquides et solides du fumier, reposent sur un fond imperméable qui ne les absorbe pas, mais qui les conserve. A ménager une pente telle que, sans s'accumuler sur un seul point, elles restent uniformément réparties sur tout l'espace que doit recouvrir la litière. A ménager un passage devant et un trottoir derrière les animaux pour le service qu'ils réclament. A diriger, soit vers un réservoir spécial, soit vers les fosses à fumier, la surabondance de liquide que la litière n'absorbe pas et qu'il est nécessaire, pour la santé des animaux et pour la propreté des étables, d'en éloigner.

Toutes ces circonstances, moins la première cependant et peut-être la plus essentielle de toutes, existent bien en germe dans nos étables (1); mais elles ont géné-

---

(1) Un fait bien remarquable et auquel n'ont pas fait attention sans doute les hommes qui, même parmi nous, font si bon marché de notre agriculture et se montrent si disposés à la proclamer la plus arriérée de toutes; c'est que nos constructions rurales, ce que l'on qualifie de *métairies*, dans toute la vallée de la Garonne, sont établies sur

ralement besoin d'être perfectionnées, et leur état actuel fait qu'elles exercent la plus fâcheuse influence sur la quantité et sur la qualité du fumier. Le défaut d'imperméabilité du sol des étables surtout, défaut auquel cependant il serait si facile de remédier, même sans recourir au pavage, est cause qu'une grande partie des déjections liquides des animaux se trouve perdue pour le fumier.

« Quant à mes étables, nous dit le Nestor de l'agri-
» culture méridionale, l'honorable comte Louis de Ville-
» neuve, de Castres (Tarn-et-Garonne), elles sont pa-
» vées de manière que le sol se trouve de niveau dans le
» sens de leur longueur, mais un peu relevé vers la
» crêche, de sorte que chaque place de bœuf étant bien
» garnie de paille peut absorber les engrais liquides. Si on
» craint que le pavé n'entraîne une trop grande dépense,
» on peut se contenter de faire battre le sol avec de la
» glaise, et, tous les trois ans, on en enlève une couche
» pour la transporter dans les champs, ou dans les vi-
» gnes et on la remplace par de nouvelle terre ».

Après l'exposition des principes ci-dessus, nous devrions aussi faire connaître les moyens qu'il peut y avoir pour calculer la production des fumiers. On trouvera quelque chose à cet égard à la fin de cette lettre. (*Voir la note* D).

---

un plan dont la simplicité, l'économie, la commodité, la facilité de surveillance, etc.... n'ont peut-être pas d'analogues dans ces contrées réputées beaucoup plus avancées que la nôtre en progrès agricoles.

Plus tard, nous ferons de cet objet le sujet d'un examen particulier. En attendant, disons qu'en principe il serait difficile de faire mieux; mais ajoutons aussi qu'en application et dans les détails, il est une foule de circonstances que l'on néglige et particulièrement celles qui agiraient sur la quantité et sur la qualité du fumier.

V.

MOYENS DE RECUEILLIR ET DE CONSERVER LES FUMIERS.

Il y a trois cents ans au moins, qu'un pauvre potier de terre, né à la Capelle-de-Birou (Lot-et-Garonne) et devenu célèbre par ses peintures en émaux, ses ouvrages en histoire naturelle et en agriculture, Bernard Palissy, écrivait ce qui suit : « Quand tu iras par les villages,
» considère un peu les fumiers des laboureurs, et tu
» verras qu'ils les mettent hors de leurs étables, tan-
» tost en lieu haut, tantost en lieu bas, sans aucune con-
» sidération, mais qu'il soit appilé, il leur suffit : et puis,
» prends garde au temps de pluies, et tu verras que les
» eaux qui tombent sur les dits, emportent une teinture
» noire, en passant par le dit fumier, et trouvant le bas,
» pente, ou inclinaison du lieu où les fumiers seront mis,
» les eaux qui passeront par les dits fumiers, emporte-
» ront la dite teinture, qui est la principale, et le total
» de la substance du fumier. Parquoi le fumier ainsi lavé,
» ne peut servir, si non de parade : mais estant porté
» au champ, il n'y fait aucun profit. Voilà pas doncques
» une ignorance manifeste, qui est grandement à re-
» gretter ».

Sans recourir à des moyens qui pourraient être dispendieux, il faut avoir soin de déposer le fumier sur des places imperméables, ayant une pente assez sensible pour que le jus de ce même fumier puisse se rendre dans un réservoir destiné à le recueillir et d'où l'on peut le tirer pour arroser la masse : soit avec une pompe, soit avec une pelle de bois, ou de toute autre manière. Ces places doivent être au niveau du sol, pour que les charrettes puissent facilement enlever le fumier; mais entourées d'un bourrelet de terre qui ne permette pas aux eaux pluviales d'en approcher. Enfin ces places doivent être, autant que possible, dans des situations abritées des grands vents, du grand soleil et des gouttières des toitures.

Nous pensons qu'on peut très-bien obtenir toutes ces conditions, en creusant la place à fumier dans le flanc d'un talus, qu'il n'est pas rare de rencontrer dans le voisinage des étables et en disposant les choses de telle sorte que la pile de fumier se trouve adossée contre la terre par trois de ses faces ; qu'elle ait en avant, du côté où les charrettes peuvent venir charger, mais prise sur la place à fumier, une petite fosse pour recevoir le liquide et servir à arroser le tas. Enfin, tout cela pourrait encore être abrité, si non par des arbres dont la croissance est trop lente, au moins par des treilles qui donneraient elles-mêmes un certain profit.

Deux circonstances à observer encore dans ces arrangements, c'est d'abord de ne pas entasser le fumier au-delà de 1^{m} 50 de hauteur; puis de disposer le tas de telle sorte qu'on ne soit pas forcément obligé, lorsqu'on veut y puiser, d'enlever toujours le dernier déposé, le moins élaboré.

VI.

APPLICATION DES FUMIERS.

Le transport des fumiers sur les terres est nécessairement lié au système de culture que l'on suit. Or, dans nos contrées, ce système en réalité n'est autre que l'assolement biennal (blé tous les deux ans) avec les différents perfectionnements qu'il comporte; c'est-à-dire utilisation plus ou moins complète de l'année intermédiaire, par des fourrages. Dans ce système, le fumier est appliqué à la céréale : circonstance malheureuse qui fait, d'abord que cette application n'a lieu qu'à une seule époque de l'année ; puisque le fumier doit être très-réduit, très-fermenté, pour bien se diviser, pour bien agir sur des graines d'un petit volume, sur des plantes qui demandent non du fumier vif, mais de la *vieille force ;* puis enfin qu'il engendre beaucoup de mauvaises herbes et donne lieu à des sarclages longs et dispendieux.

Nous savons bien que plusieurs cultivateurs, parmi ceux qui adoptent les progrès compatibles avec nos terres, notre climat et nos habitudes, s'assujettissent : soit à fumer les récoltes sarclées au printemps, conformément aux principes de la véritable science agricole : soit au moins à mettre le fumier sur la jachère, aussi longtemps que possible avant les semailles d'automne et à l'enfouir immédiatement.

Dans tous les cas, la répartition la plus complète de cette matière sur la surface des champs et son mélange également le plus complet avec la terre, sont autant de conditions d'une rigoureuse nécessité et qui font comprendre combien est défectueux, combien est préjudiciable l'usage qui consiste à la déposer, en automne, en tas espacés, sur la terre à ensemencer, et à l'abandonner ainsi pendant des mois entiers à toute l'action du vent, du soleil et de la pluie.

Non-seulement on peut se convaincre du danger de cet usage par la prospérité tout-à-fait remarquable du blé venu sur la place du séjour des tas, prospérité qui est au détriment du reste ; mais en outre il résulte d'expériences faites en Italie, par un habile observateur, M. le professeur Gazzéri, que le fumier ainsi traité et par l'action des causes signalées, pouvait perdre en poids :

Après 59 jours. . . . $^1/_5$ me environ.
Après 90 » . . . . $^1/_3$ »
Après 109 » . . . . $^1/_2$ »

Quant au choix du fumier, par rapport aux terres et

aux récoltes auxquelles on l'applique, bien que ce choix ne soit possible que dans un nombre de cas assez restreints, nous dirons cependant, sous ce premier rapport, que les fumiers longs, pailleux, peu consommés, conviennent aux terres fortes et compactes; que les fumiers courts, consommés, réduits, conviennent aux terres légères et poreuses : sous le second, que les plantes à végétation vigoureuse, pommes de terre, maïs, etc..... aiment et supportent le fumier frais, le *fumier gaillard;* que les plantes à végétation lente, le blé, etc..., aiment le fumier réduit, le terreau, la *Vieille force.*

VII.

VALEUR DES ENGRAIS.

Nous avons dit ci-dessus (II) que de tous les engrais celui qui devait avoir, aux yeux du cultivateur, le plus de valeur; celui qui devait le plus fixer son attention, exciter ses sollicitudes, c'était l'engrais des étables, le fumier.

Or, il y a pour cela trois raisons capitales. La première, c'est que le fumier est l'engrais dont la production, après tout, est la plus facile, la plus sûre, la plus générale. La seconde, c'est que les moyens, les mesures qu'exige cette production, sont de nature à réagir sur l'ensemble de culture, à le perfectionner, à lui donner plus de valeur : tant par rapport aux résultats qu'il assure, que par rapport aux ménagements qu'il s'agit de garder vis-à-vis des terres, à l'obligation impérieuse de les améliorer progressivement. La troisième enfin, c'est que le fumier, produit sur une exploitation, avec les fourrages et les litières qui y ont été récoltés, a, plus que tout autre engrais venu du dehors, la propriété de restituer, aux terres de cette exploitation, certaines substances dont elles s'étaient dessaisies pour les produits antérieurs et dont elles auront besoin pour les produits ultérieurs.

Ainsi, et c'est là une des indications de la science moderne que nous regrettons de ne pouvoir signaler qu'en passant, la terre peut être progressivement appauvrie et arriver même à un épuisement complet, comme le prouvent de mémorables exemples, si les engrais qu'on lui applique ne lui restituent pas, en même temps que les substances qui nourrissent les plantes, une juste proportion des avances qu'elle leur a faites en sels terreux, en matières propres à constituer leurs cendres. Or, cette restitution ne saurait être plus sûre, plus directe que par l'application, à ces mêmes terres, à titre d'engrais, d'une partie importante des produits qu'elles ont donnés : des fourrages, des litières réduits en fumier.

Mais indépendamment de cette première valeur, basée sur des considérations qui ne sauraient être méconnues, le fumier en a encore une autre dont l'appréciation repose sur l'emploi que l'on en fait. Celle-là, comme le fait observer Matthieu de Dombasle, est pour le cultivateur la valeur réelle du fumier, car c'est celle de l'augmentation qu'il lui procure dans ses récoltes pendant tout le temps que dure, dans le sol, son effet sensible.

D'abord, quelle que soit la plante à laquelle on l'applique, le fumier aura d'autant plus de valeur, ou son application sera d'autant plus profitable, que sa quantité et les conditions de son application seront plus de nature à rapprocher cette plante du point où elle peut donner son maximum de produit.

Etablissons cela par des chiffres, auxquels nous n'attachons ici, bien entendu, qu'une valeur purement relative et de circonstance. Supposons un cultivateur adoptant, pour traiter un champ de quatre hectares, quatre systèmes différents, que nous désignons par A, B, C et D.

A.		B.		C.		D.	
FRAIS DE CULTURE.	fr.		fr.		fr.		fr.
Travaux, etc.	150.	Travaux, etc.	150.	Travaux, etc.	150.	Travaux, etc.	150.
Engrais.	0.	Engrais, 100 quint. mét.	50.	Engrais, 150 quint. mét.	75.	Engrais, 200 quint. mét.	100.
	150.		200.		200.		250.
PRODUIT.							
3 hect. from.t à 18 fr. .	54.	9 hect. from.t à 18 fr. .	162.	18 hect. from.t à 18 fr. .	324.	25 hect. from.t à 18 fr. .	450.
Perte.	96.	Perte.	32.	Bénéfice.	99.	Bénéfice.	200.

On voit, par ces exemples :

1.° Que sans engrais, l'exploitation donne 96 fr. de perte (A.);

2.° Qu'avec 50 fr. d'engrais, cette perte n'est plus que de 32 fr. (B.);

3.° Qu'avec 75 fr. d'engrais, il y a un bénéfice de 99 fr. (C.);

4.° Enfin qu'avec 100 fr. d'engrais, ce bénéfice atteint 200 fr. (D.).

On voit aussi que la progression suivie par l'engrais, dans les augmentations qu'il a subies, et celle suivie par le produit en froment, ne sont pas les mêmes, et que la seconde l'emporte de beaucoup sur la première. Ainsi ces deux progressions peuvent être exprimées comme suit :

Celle de l'engrais, par 0, 2, 3, 4.

Celle du produit, par 1, 3, 6, 8.

Il y a dans ces faits, également avoués par la théorie et par la pratique, non-seulement une démonstration évidente du pouvoir de l'homme sur la terre, source de son existence et de son bien-être; mais aussi et peut-être plus encore une manifestation éclatante des desseins du Créateur à son égard : une preuve de la haute sollicitude dont il l'a rendu l'objet.

Enfin on voit combien est déplorable l'économie que le cultivateur croit trop souvent pouvoir faire sur les engrais; combien est désavantageux le système qui consiste à répandre, sur deux et trois hectares de terre, le fumier qui suffirait à peine pour en bien préparer un seul.

Il faut donc reconnaître cette autre vérité, aussi bien que la première en possession de l'assentiment de la théorie et de la pratique, que l'engrais coûte au cultivateur d'autant moins, ou ce qui est la même chose, lui est payé d'autant plus, qu'il en met dans ses terres en plus grande abondance, sans dépasser toutefois la quantité qu'elles peuvent en supporter; car il y a des limites à tout et une terre, quoique ce soit beaucoup plus rare, peut aussi bien pécher par le trop que par le trop peu de fumier.

Un autre fait qu'il importe de consigner ici, c'est celui qu'exprime par les paroles suivantes un des plus habiles agronomes et des plus judicieux observateurs du Midi de la France, M. Puvis : « Il faut, dit-il, faire cette remarque importante, que toutes choses égales d'ailleurs, l'engrais dans le Midi, a une action plus forte sur le sol que dans le Nord, parce qu'il ajoute encore des forces à l'absorption du sol sur l'atmosphère que déjà le soleil et le climat rendent beaucoup plus énergique ». Ne fallait-il pas, en effet, cette compensation aux contrées dont le climat est, moins que celui du Nord, favorable aux herbages et aux prairies ?

La valeur relative des engrais est encore soumise à des variations très-sensibles suivant le système de culture que l'on adopte ; mais ici il n'est plus aussi facile de se livrer à des appréciations et de hasarder des chiffres ; c'est au cultivateur, selon la situation dans laquelle il se trouve placé, selon le point de culture où il est arrivé, à décider la répartition qu'il doit faire de son fumier entre les céréales, les prairies, les plantes commerciales, les vignes, etc..., etc...

Toutefois, il est bien facile de comprendre que la valeur de l'engrais employé sera bien différente, selon qu'on obtiendra avec cet engrais : ou seulement une récolte de froment, grain et paille, comme dans le système biennal pur : ou une récolte de froment, deux coupes de trèfle, plus une troisième coupe à enfouir, comme dans la modification de ce système qui consiste à occuper l'année de jachère par des fourrages.

VIII.

ENGRAIS ARTIFICIELS.

On entend par engrais artificiels, tous les engrais que l'industrie fabrique, ou mieux encore tous les engrais que le cultivateur ne produit pas et qu'il achète du commerce, soit au poids, soit à la mesure.

Sans doute ces engrais peuvent avoir de la valeur, à part quelques-uns cependant qui ne sont de la part des producteurs, ou que le résultat d'une erreur qu'il faut plaindre, ou que le résultat d'un charlatanisme qu'on ne saurait assez blâmer ; sans doute l'agriculture, dans une infinité de cas, peut leur emprunter un concours très-efficace et les admettre comme supplément des fumiers qu'elle n'a pas eu en quantité suffisante. Mais, en thèse générale, c'est à cela, c'est à ce supplément qu'elle doit se borner, évitant avec soin de baser sur ce seul appui un système de culture qui ne saurait, à part de rares exceptions, avoir de grandes chances de succès.

Pour cela, il y a plusieurs raisons que nous nous bornerons ici à signaler, nous réservant d'y revenir plus tard avec plus de détails. 1.° Ces engrais, par suite de leur composition, ne prêtent jamais à la terre un concours aussi direct, aussi efficace que les fumiers (VII); 2.° Leur action est toujours rapide et cette rapidité même est en raison directe de la richesse des susbtances qu'on a employées pour leur confection : vidanges, chair musculaire, sang, etc....; 3.° l'excitation momentanée qu'ils produisent peut appauvrir le sol et diminuer ainsi sa valeur foncière; 4.° toutes ces considérations pesées, il est bien rare, qu'en définitive, ils assurent des produits proportionnés au prix qu'ils ont coûté; 5.° enfin, et ceci est douloureux à dire, il est bien rare aussi qu'ils ne soient pas fraudés, que la mauvaise foi ne les aient pas altérés.

Nous plaçons à la suite de cette lettre quelques éclaircissements touchant l'application de ces engrais. (*Voir la note* E.).

IX.

CONCLUSION.

Comme conclusion de tout ce qui précède, disons avec le patriarche de l'agriculture française, le vénérable Olivier de Serres : « Le fumer des terres est une très-notable partie du mesnage des champs : étant notoire à tous ceux qui font profession de manier la terre, que c'est le fumier qui resjouit, reschauffe, engraisse, amollit, adoucit, dompte, et rend aisées les terres faschées et lasses par trop de travail, celles qui de nature sont froides, maigres, dures, amaires, rebelles et difficiles à cultiver, tant il est vertueux. C'est du fumier d'où procède cette grande fertilité recherchée par tous les mesnagers, faisant produire à la terre toute abondance de bien : car bleds, vins, foins, fruits des jardins et des arbres par le fumier viennent richement, estant assaisonné par l'eau (1), et convenablement employé (2) ».

Disons avec un agronome moderne qui joint à un grand savoir, à une longue expérience, l'honneur de compter Olivier de Serres parmi ses ayeux; disons avec M. le comte de Gasparin : « C'est sur les engrais de ferme, composés de végétaux et de déjections animales, que nous devons surtout compter pour maintenir la terre en produit (3) ».

Ajoutons enfin, avec Schwerz : « Quoiqu'en disent les savantes dissertations sur le sel, sur la corne et les vieux chiffons, le meilleur engrais consiste toujours dans les déjections animales; car, mît-on en lambeaux toutes les friperies, réduisît-on en poussière tous les sabots et toutes les cornes d'animaux, obligerait-t-on toute la population d'un état à marcher nue-tête pour convertir tout cela en engrais, combien de mille hectares parviendrait-on à fumer avec ces ressources? »

Bordeaux, 25 Mars 1851.

---

(1) Par cette expression, *étant assaisonné par l'eau*, l'auteur entend le concours que les pluies, que l'eau du ciel, prêtent à la culture. Il ne faut pas perdre de vue qu'il écrivait dans la partie méridionale de la France, dans le ci-devant Vivarais et qu'il connaissait par conséquent l'effet désastreux des sécheresses et l'influence heureuse des pluies salutaires, ou des irrigations.

(2) *Le théâtre d'agriculture et mesnage des champs* : Lieu 2.e ch. III.

(3) *Cours d'agriculture* : Tom. 1.

NOTES ET ÉCLAIRCISSEMENTS.

Pour ne pas embarrasser le cours d'une lettre déjà assez longue et troubler l'ordre et la filiation des démonstrations qui y sont faites, nous avons préféré réunir à la suite, sous forme de notes, les éclaircissements ou amplifications que rendaient nécessaires quelques-uns de ses passages.

NOTE *A*.

Formules qui peuvent fixer sur la quantité de nourriture à donner aux animaux.

Pour se fixer en cette matière, pour pouvoir établir des chiffres, on a dû rechercher un point de départ, une base, et l'on a pensé que cette base pouvait être le poids de l'animal à alimenter. D'une manière générale on a eu raison de penser que, toutes choses égales d'ailleurs, le plus gros, le plus pesant, était celui qui consommait le plus. Toutefois, ceci souffre de nombreuses exceptions, aussi bien parmi les animaux que parmi les hommes.

Ainsi en économie rurale, on admet, comme base sur laquelle on peut se fonder pour la quantité de nourriture quotidienne à donner à un animal, le chiffre de son poids.

En second lieu, toutes les nourritures ne sont pas les mêmes, n'ont pas la même valeur. A poids égal, par exemple, il y a une grande différence de valeur nutritive entre l'herbe verte et l'herbe sèche, ou le foin.

De là encore la nécessité de trouver une expression commune qui pût être appliquée à tous les genres d'aliments, quelle que fût leur nature, quel que fût leur état. De là, le choix que l'on a cru pouvoir faire du foin, pour satisfaire à toutes ces exigences.

Ainsi, encore, le foin de bonne qualité a été admis, en économie rurale, comme type de l'aliment à fournir aux animaux de nos étables, et toutes les autres substances dont on a pu faire usage, dans le même but, ont été ramenées, aussi bien par les indications de la pratique que par celles de la théorie, à la valeur du foin.

Ces deux faits admis, voici les renseignements pratiques que l'on peut leur emprunter.

S'il ne s'agit que de soutenir un animal, un bœuf, que de l'empêcher de mourir, on atteint ce but en lui administrant, chaque jour 2 kilog. de foin ou son équivalent en toute autre matière alimentaire, par chaque 100 kilog. du poids vivant de ce même animal. Ce qui ferait un total, par exemple, si ce bœuf pesait 600 kilog. de 12 kilog.

Si l'on veut le maintenir en bon état, mais sans cependant exiger de lui du travail, il faut porter cette ration à 2 kilog. 5 et dans l'exemple choisi, au total de 15 kilog.

Enfin, si l'on veut en outre faire travailler l'animal, cette même ration doit atteindre 3 kilog., ou, toujours dans l'exemple choisi, le total de 18 kilog.

Comme nous l'avons dit ci-dessus et quelle que puisse être la valeur de ces chiffres, pris comme expressions générales, ce n'est qu'à titre de renseignements qu'il faut les admettre dans la pratique.

Maintenant, voici d'autres chiffres qui pourront servir à guider les cultivateurs sur les valeurs diverses des matières alimentaires dont ils font le plus ordinairement usage, pour leurs animaux. Nous les leur donnons avec la même réserve que les précédents; car, pour les obtenir, nous avons dû nous livrer à des appréciations, à des comparaisons assez longues et qui n'ont pu nous conduire évidemment qu'à des moyennes plus ou moins élastiques.

	remplacent 100 kil de bon foin.	Ration d'un bœuf pesant 600 kilog.
Foin de luzerne, trèfle, sainfoin	100 k.	18 k.
Feuilles d'ormeaux, érable, etc.	100	18
Paille de luzerne, trèfle, sainfoin	175	32
— d'avoine	190	34
— de froment	275	50
— de seigle	300	54
Pommes de terre	200	36
Rutabaga	300	54
Betteraves	350	63
Raves	375	68
Choux	500	90
Maïs vert	300	54
Herbe verte, seigle, trèfle, farouch, vesces, etc.	350	63
Feuilles de betterave	600	108

Note *B*.

Valeur des litières, par rapport à leur pouvoir d'absorber et de retenir les liquides.

Nous étant trouvé, durant les vacances de 1847, à même de faire quelques observations sur la valeur de différentes plantes comme litière, nous constatâmes, par des expériences que nous croyons assez justes, les résultats suivants.

Après douze heures d'immersion dans l'eau et quatre heures de temps pour se ressuyer complètement :

	Ont pesé.	Ont retenu en eau.
100 parties jonc	332	232
— paille de froment	248	148
— laiches (*Beauge*)	230	130
— fougère	225	125
— Ajonc	158	58
— bruyère	130	30

Note C.

Valeur des litières, par rapport à leur composition chimique.

Nous devons à un chimiste allemand, M. Sprengel, des analyses et des recherches desquelles il résulte que, par rapport à leur composition chimique et à l'influence qu'elles peuvent produire sur la bonté du fumier, les litières suivantes doivent être rangées dans l'ordre ci-après

1.° Paille de colza; 2.° *id.* de vesces; 3.° *id.* de sarrazin; 4.° *id.* de fèves; 5.° *id.* de lentilles; 6.° *id.* de millet; 7.° *id.* de pois; 8.° *id.* d'orge; 9.° *id.* de froment; 10.° *id.* de seigle; 11.° *id.* de maïs; 12.° *id.* d'avoine.

Note D.

Formules propres à calculer la production des fumiers.

La théorie et la pratique sont aujourd'hui à peu près d'accord sur ce point que, pour avoir la quantité de fumier produite, en poids, il fallait multiplier le poids de la nourriture par celui de la litière fournie. D'où la formule que l'on trouve dans les ouvrages :

$$N \text{ (nourriture)} + L \text{ (litière)} \times 2 = F \text{ (fumier)}.$$

Mais ici il faut observer que si la nourriture n'est pas du foin, c'est en valeur de foin qu'il faut l'exprimer, conformément à ce qui a été dit ci-dessus (*note* A).

Par exemple, nous avons donné, pendant un mois, à une paire de bœufs, en nourriture :

1.° 1620 kilog. maïs vert, valant en foin (1). . . .	540 kilog.
2.° 2700 — feuilles de choux, valant en foin.. .	540 —
	1080
Nous leur avons donné également, en litière.	900 kil.

(1) Le calcul à faire est celui-ci : Les animaux ont mangé par jour 54 kilog. de maïs et en 30 jours 1620 kilog. (54 × 30 = 1620).

300 kil. (maïs) : 100 kil. (foin) :: 1620 kil. (maïs) : x

$$x = \frac{100 \times 1620}{300} = 540 \text{ kilog.}$$

De même pour les feuilles de choux.

Nous dirons donc, 1080 + 900 = 1980 × 2 = 3960. Ces derniers chiffres expriment le nombre de kilog. de fumier produit dans le mois : 3960 kilog.

Mais ici, pour que ce calcul fût réellement juste, il faudrait que la paire de bœufs dont il s'agit, ne quittât pas l'étable, ce qui n'est pas et ce qui ne peut pas être. Cette considération fait donc que, selon les circonstances, il faut retrancher un quart, un tiers et quelquefois plus encore de ce produit.

Disons encore qu'on peut évaluer le poids du fumier normal, c'est-à-dire, tel que nous le transportons sur nos terres, suffisamment mêlé, tassé et consommé à 500 kilog. le mètre cube.

En langage agricole, on entend par *charretée de fumier*, environ deux mètres cubes de cette matière, ou 1000 kilog. pesant.

Note *E*.

Des quantités d'engrais artificiels à employer.

Nous avons considéré comme fumure complète d'un hectare, dans le plus grand nombre de cas, 20,000 kilog. de fumier. Or, si nous voulons remplacer ce fumier par quelqu'un des engrais que nous offre le commerce, voici dans quelle proportion théorique ce remplacement devra se faire :

Noir de raffinerie.	6,600 kilog.
Poudrette..	5,100 —
Guano..	570 —

Avec la condition, bien entendu, que ces matières sont pures et exemptes de tout mélange frauduleux.

Nous mentionnerons encore ici deux moyens fort simples à l'aide desquels on pourra se convaincre des pertes que l'on éprouve quand on laisse s'écouler, sur les chemins et dans les fossés, les matières liquides des fumiers, ou quand on abandonne ces mêmes fumiers à la libre action du soleil, du vent et de la pluie.

Si l'on ramasse, dans un verre, un peu de ses matières liquides ; si dans le même verre on verse quelques gouttes d'acide chlorydrique étendu d'eau, par une réaction chimique qu'il suffit ici de mentionner, on voit au bout de quelques moments de repos, des flocons se former et tendre à se précipiter au fond du verre. Or, ces flocons, ce sont les parties les plus actives du fumier; celles déjà arrivées au point de se dissoudre dans l'eau; au point de pouvoir pénétrer dans le végétal par ses racines et de pouvoir le nourrir.

Si l'on trempe les barbes d'une plume dans du vinaigre et si l'on tient cette plume au-dessus d'un tas de fumier récemment sorti de l'étable, d'un tas de fumier d'où se dégage de la *fumée*, on voit très-distinctement des vapeurs blanches se former autour de cette plume. Or, ce phénomène est le résultat du contact de l'ammoniaque, qui se dégage du fumier, avec l'acide.

Il faut savoir que c'est par le dégagement de l'ammoniaque, substance qui admet elle-même dans sa composition un principe essentiellement favorable à la végétation (l'azote), que le fumier, exposé à la libre action de l'air, se détériore et s'appauvrit.

Ainsi, l'eau qui le mouille et qui le lave, lui enlève ses parties solubles les plus précieuses. Ainsi encore, l'air, le soleil, le vent qui le frappent librement, lui font perdre ses principes volatiles les plus actifs.

AVIS.

MM. les Propriétaires qui voudraient faire étudier leurs domaines sous les rapports de la constitution géologique, de la nature particulière des sols et sous-sols, des possibilités qu'il y aurait à améliorer les uns et les autres par des amendements, et des ressources qu'ils pourraient offrir à cet égard, en marnes et autres produits analogues, pourraient s'adresser au Professeur d'agriculture.

Ils trouveraient des modèles de ces genres d'études, avec descriptions, coupes, analyses, etc... notamment dans l'*Agriculture*, année 1850, p. 41 ; année 1851, p. 41, etc ..

BORDEAUX. — IMPRIMERIE DE TH. LAFARGUE, LIBRAIRE,
Rue Puits de Bagne-Cap, 8.

www.ingramcontent.com/pod-product-compliance
Lightning Source LLC
LaVergne TN
LVHW052012160826
845678LV00003B/1019

* 9 7 8 2 3 2 9 6 4 8 8 5 9 *